NOTICE

SUR

UNE NOUVELLE FABRICATION

DU VIN.

ÉPINAL, IMPRIMERIE D'A. CABASSE, 21, PLACE DE L'ATRE.

NOTICE

SUR

UNE NOUVELLE FABRICATION

DU VIN,

A L'AIDE

D'UN APPAREIL BREVETÉ;

Par M. F. Denis,

ANCIEN AGRICULTEUR, MEMBRE DE LA SOCIÉTÉ D'ÉMULATION DU DÉPARTEMENT DES VOSGES.

A PARIS,

CHEZ Mme HUZARD, IMPRIMEUR-LIBRAIRE,

7, RUE DE L'ÉPERON.

A ÉPINAL,

CHEZ LES PRINCIPAUX LIBRAIRES.

1838.

PRÉFACE.

DANS toute espèce d'opération, il faut considérer deux choses : la bonté absolue des résultats et la facilité de l'exécution. La nouvelle méthode de faire le vin, dont je vais rendre compte dans la présente Notice, m'a paru remplir ces deux conditions, et mériter ainsi d'être publiée.

Après avoir fait la description de mon appareil, et de la manière de s'en servir, j'ai dû parler des résultats constamment les mêmes que j'obtiens depuis six ans. Les faits toujours indépendants de la doctrine n'ont besoin que d'être exposés avec la plus scrupuleuse exactitude, et j'espère que les propriétaires qui essaieront mon nouveau procédé, n'auront pas à m'accuser de m'être fait illusion à cet égard.

Quant à la théorie, j'ai été long-temps dans l'incertitude et l'hésitation. En consultant mes forces, je compris qu'il ne m'appartenait pas de créer un nouveau système.

Cependant je ne pouvais laisser mon œuvre incomplète, et j'ai tâché de ne rien écrire que sous la dictée de l'expérience. Si je suis arrivé ainsi à conclure quelquefois d'une autre manière que les maîtres de l'art, je me suis tranquillisé en faisant la réflexion qu'il était rationnel que de nouveaux phénomènes exigeassent une nouvelle doctrine.

Mais jaloux de n'offrir au public rien qui ne soit digne de lui, j'ai voulu m'appuyer sur quelqu'un dont l'approbation pût désintéresser la sollicitude des propriétaires de vignes, et je remplis mon but en nommant M. Bracconnot. Je ne connaissois ce savant que par sa réputation, devenue européenne. Il a bien voulu examiner mon ouvrage, m'a indiqué quelques changements, que je me suis hâté de faire, et même a eu la bonté, dans la lettre qu'il m'a fait l'honneur de m'écrire, de m'indiquer deux nouveaux résultats de mon procédé qui doivent concourir à la bonne qualité du vin, et qu'il m'a permis de faire connaître sous son nom. Je la transcris ici pour terminer cet avant-propos.

« La nouvelle méthode de faire le vin, proposée par « M. Denis, me paraît réunir de grands avantages. En « effet, on conçoit que le raisin égrappé et comprimé « dans le vase tout le temps que dure la fermentation, « celle-ci doit être plus complète. Il serait même pos- « sible que cette longue immersion des pellicules dans « la liqueur vineuse déterminât, à leurs dépens, la pro-

« duction d'une quantité de sucre qui n'existait pas « auparavant, et qui peut concourir à la bonification « du vin. Un autre avantage que je vois dans la nou- « velle méthode, et qui ne doit pas médiocrement con- « tribuer à la bonne qualité de la liqueur, ce sont ces « mêmes pellicules ainsi que les pepins qui, se trouvant « long-temps en contact avec la liqueur vineuse, doi- « vent la dépouiller facilement d'un grand excès de « tartre qui donne aux vins nouveaux la dureté qu'on « leur connaît. Ce tartre doit se déposer en très-petits « cristaux sur les pellicules, beaucoup plus facilement « que si le vin était abandonné à lui-même dans des « tonneaux, à peu près comme une dissolution con- « centrée d'un sel ou de sucre, dans laquelle on plonge « des fils ou de petits morceaux de bois sur lesquels « les cristaux se déposent de préférence que sur les « parois des vases. Cette manière de voir est pleine- « ment confirmée par les observations de M. Denis, « qui a remarqué que les vins nouveaux ordinaires pro- « duisaient sur le linge des taches très-intenses, qui « résistent à plusieurs lessives; ce qui n'arrive pas avec « les vins fermentés avec son appareil, et qui par con- « séquent doivent être potables aussitôt leur fabrica- « tion terminée. D'ailleurs on sait bien que le tartre « est un mordant employé en teinture avec beaucoup « d'avantage pour fixer solidement les couleurs végé- « tales. Il résulte de là, que le vin préparé par le « nouveau procédé doit déposer moins de tartre que « celui préparé par l'ancien, et se rapprocher ainsi des « vins vieux en conservant une belle couleur. »

NOTICE

SUR

LA FABRICATION DU VIN.

DU VIN.

La nature n'a jamais rien fait de fermenté. Nos vins sont, comme tant d'autres choses, le produit de l'art et de l'industrie de l'homme, et nous n'avons que le choix des moyens indiqués par l'expérience et qui doivent nous conduire au résultat que nous nous proposons, c'est-à-dire, d'obtenir du raisin une liqueur qui ait en même temps le plus de générosité, le plus d'agrément et de parfums possibles, et aussi la coloration la plus profonde, la plus brillante et la plus pure.

C'est pour parvenir à la solution de cet important problème, que les savants et les œnologues, partant des connaissances déjà acquises, se sont livrés à de profondes méditations, ont fait les observations et les expériences auxquelles nous devons enfin le *Traité de fermentation,* par M. le comte CHAPTAL, qui a fait faire un grand pas à l'art. C'est en suivant les indications de cet excellent ouvrage que déjà un grand nombre de cultivateurs ont obtenu un meilleur vin, et c'est dans le paragraphe intitulé : *Dégagement de l'acide carbonique,* que l'on a puisé l'idée du célèbre appareil Gervais. Il n'a pas, à la vérité, atteint le but ; mais il a confirmé la doctrine qu'il fallait, le plus possible, dérober la fermentation à l'action de l'air. Il a conservé, sans contredit, à la liqueur une portion notable de ses principes constitutifs, je veux dire le bouquet, sans lequel le vin n'est plus qu'une liqueur enivrante, et l'alcool, qui sont nécessairement entraînés par l'action constante de l'air ambiant, soit par absorption, soit par évaporation. Il en a par conséquent augmenté la quantité comparativement à celle obtenue dans des vases ouverts. Mais ces avantages déjà considérables lui sont communs avec les méthodes adoptées par beaucoup de propriétaires qui font fermenter leur vendange dans des tonnaux munis à la bonde d'une soupape indispensable au dégagement de l'excès du gaz acide carbonique.

Cependant, le principal objet que se proposait Mlle Gervais, était de restituer au vin, au moyen du réfrigérant adapté à son appareil, la portion d'arôme et d'alcool volatilisée par la chaleur de la fermentation et entraînée par le dégagement du gaz acide. Cette opinion, généralement reçue et professée par les maîtres de l'art, était probable. La goulotte intérieure, pratiquée au bas de l'appareil, donnait à chaque instant le moyen de vérifier le fait; et si l'on n'a pas obtenu le résultat indiqué, ce n'était pas le cas d'accuser cet appareil de déception : il n'a été qu'une séduction à laquelle Mlle Gervais s'est livrée la première, et qui a entraîné tous les propriétaires qui en ont fait usage. Il est donc constant, d'après tant d'expériences décisives, que le gaz s'échappe seul et n'entraîne avec lui aucune substance, et c'est l'air qui doit seul porter le poids de cette accusation.

La méthode générale de faire le vin était de porter la vendange dans le bouge, de la fouler le plus exactement possible, et de l'abandonner à elle-même jusqu'à ce que le moût fut entré en fermentation, laquelle se développe plus tôt ou plus tard selon la maturité du raisin et le degré de température.

Après deux ou trois jours de fermentation, lorsque le chapeau est parvenu à sa plus grande élévation, il se répand dans la *bougerie* une odeur très-prononcée d'esprit de vin, mais le vin alors n'a pas encore beaucoup de coloration. Pour l'obtenir, on renfonce le marc, et on ranime, par ce procédé, la fermentation qui n'aurait pas tardé à s'éteindre. On continue cette manipulation pendant plusieurs jours, selon que l'on veut obtenir un vin plus couvert, résultat que l'on se propose. D'un autre côté, si on ne refoulait pas le chapeau, il contracterait bientôt un goût de pourri : c'est ce que nous appelons *pied chaud.* Il résulte de toute cette manœuvre, que l'on expose souvent toutes les parties du vin à l'action épuisante de l'air atmosphérique, et alors on ne peut se dissimuler qu'il doit y avoir perte de la liqueur par l'évaporation, dissipation de l'alcool, et surtout du bouquet, comme étant les parties les plus légères, et que toutes ces pertes sont d'autant plus considérables que, dans cet état, la cuvée, soulevée et très-divisée par la chaleur de la fermentation et le dégagement du gaz acide, donne plus de prise à l'atmosphère. Ce n'est pas tout : l'air, cet agent destructeur, non content de ces ravages, s'empare du produit alcoolique, le dénature et le convertit en principe acéteux. Je crois qu'il est hors de doute que si l'on continuait cette opération pendant un mois seulement, on aurait du vinaigre pur au lieu de vin.

De là tant de vins lourds, plats et aigres.

Pour prévenir l'ascescence, je décuvais, lorsqu'après la première fermentation le chapeau redescendait et reprenait son niveau. De ce procédé j'obtenais une liqueur peu colorée, très-gazeuse, mais qui, au bout de deux au trois ans, me donnait un vin très-agréable.

C'est entre ces deux écueils que l'on a marché pendant si long-temps, jusqu'à l'adoption des méthodes perfectionnées, employées depuis dix à douze ans.

Frappé des graves inconvénients occasionnés par l'air pendant la fermentation, j'ai cherché à la soustraire à ses effets désastreux, et en même temps à l'obtenir la plus complète que cela serait possible : par là j'arrivais au but que je m'étais proposé.

En 1821, j'ai fait à la Société d'agriculture un rapport sur cette nouvelle manière de faire le vin; mais je n'en ai fait usage que pour la vendange de 1822.

Aux séances des 16 janvier et 19 juin 1823, et à celle du mois de mai 1824, j'ai rendu compte à la Société des phénomènes que j'avais pu observer pendant la fermentation, et j'ai présenté les résultats obtenus que l'on a comparés avec ceux qu'avait donnés ma méthode ordinaire, ainsi qu'un échantillon de l'eau-de-vie des marcs. La différence entre ces produits a été reconnue considérable : l'eau-de-vie surtout a frappé par son excellente qualité.

Voici la description et l'usage de l'appareil que j'ai fait construire pour ce nouveau mode de fermentation : on en trouvera la figure lithographiée à la fin de ce petit ouvrage.

C'est un cylindre en fer-blanc contenant trois ou quatre litres. Ce vase est terminé par le bas par un tube rond, du diamètre de la bonde d'un tonneau. Ce tube doit plonger dans la liqueur jusqu'au centre du tonneau, et il est percé de petits trous semblables à ceux d'une passoire, de manière que même aucun pépin ne puisse passer à travers. L'extrémité inférieure du tube sera également fermée et aussi percée de trous semblables.

La plaque supérieure du cylindre sera revêtue circulairement d'une bande de fer-blanc d'un pouce de hauteur et percée au milieu d'un trou rond du diamètre de dix-huit lignes. Au tiers environ du cylindre, il sera soudé un goulot de trois pouces de longueur, dont le diamètre sera d'autant plus grand que la masse fermentante sera plus considérable. Un pouce suffira pour des tonneaux de 80 hectolitres. Ce diamètre sera augmenté ou diminué selon qu'ils auront plus ou moins de capacité.

Voici son emploi :

Je fais le vin à la cave, dans des tonneaux, quelle que soit leur capacité. On fera sur la douve supérieure un trou rond de quatre pouces de diamètre (1) : c'est par là qu'on introduira la vendange. Cette ouverture sera fermée par un gros bondon, percé lui-même à son centre d'un trou de bonde ordinaire : c'est par cette bonde que l'on fera entrer le tube de l'appareil. Pour cela, il suffira de mettre autour de ce tube du linge ou du chanvre, et de l'enfoncer en pressant l'appareil et le faisant tourner toujours du même côté pour ne pas déranger le linge ou le chanvre. Ce procédé bien simple empêche toute extravasation du liquide.

Lorsque je vendange, je fais mettre successivement devant les tonneaux que je veux remplir, une cuve, sur laquelle est posé un égrappoir, qui n'est autre chose qu'un grand cadre rempli par un treillis en fil de fer, dont les mailles ont un pouce

---

(1) On peut se servir de la losse ou gouge avec laquelle on perce les moyeux des roues.

carré. Sur cet égrappoir, on place un cylindre armé d'une trémie, contenant deux ou trois hottées de raisin. Quelques tours de manivelles suffiront pour écraser la grappe. Ce moyen est plus expéditif que tous les foulages possibles; aucun grain n'échappe; ils quittent presque tous la rafle, et tombent dans la cuve. Au surplus, ces deux instruments sont peu coûteux, et doivent être employés quelle que soit d'ailleurs la manière de faire le vin.

Avec ma méthode, l'égrappage, surtout dans les mauvaises années, est nécessaire. La rafle, long-temps fermentée, doit se dissoudre en partie, et donner un produit acerbe, nuisible à la qualité du vin.

Lorsque la cuve sur laquelle on égrappe est remplie de jus et de graines de raisin, on verse le tout avec un broc dans le tonneau, sur l'ouverture duquel on placera une trémie. Lorsque le tonneau est plein ou à peu près, on ajuste sa bonde, et on achève de le remplir.

Alors on place l'appareil. Le tube inférieur plonge dans la liqueur. Lorsque la fermentation s'établit, la liqueur se tuméfie, comprime le marc contre la partie supérieure du tonneau et autour du tube; dans cette circonstance il pourrait en boucher tous les trous, de manière à rendre impossible le dégagement du gaz acide. Dans ce cas il occasionnerait infailliblement le bris du tonneau. Mais le marc n'étant que le quart de la masse fermentante, surtout si le raisin a été égrappé, en allongeant le tube jusqu'au centre, ce dégagement se fera sans obstacle.

Il est impossible, au moins jusqu'aujourd'hui, de comprimer la fermentation au point d'empêcher la masse fermentante de s'élever. Ainsi, il faut laisser du vide : c'est ce que j'ai voulu prévenir ; ou il faut s'attendre à une extravasation de la liqueur, si le vase est plein. Cette extravasation est d'un sixième, comme cela est démontré par les nombreuses expériences qui ont été faites. Pour recueillir ce sixième, et en même temps prévenir l'acescence de la liqueur, en l'exposant à l'action de l'air atmosphérique, on placera à côté de celui en fermentation, un tonneau du sixième de sa capacité, dans lequel le trop plein sera conduit par un tube en fer-blanc adapté au goulot du cylindre et qui entrera dans ce tonneau par son bondon. On leste ce tube de manière à empêcher l'accès à l'air extérieur ; ensuite on verse par l'orifice pratiqué sur la plaque supérieure du cylindre, du moût pur et sans mélange de grains ni de pépins, jusqu'à ce qu'on entende la liqueur se déverser dans le tonneau vide, et on fermera cet orifice avec trois ou quatre feuilles de vigne, posées les unes sur les autres et maintenues à leur place par une jointée de sable de rivière, de la même manière que l'on sable les tonneaux. Les feuilles de vigne font alors l'office de soupape; et lorsque, par le dégagement du gaz, la cuvée se trouvera soulagée, elles retomberont et fermeront le tonneau hermétiquement (1).

Si l'on avait de la vendange en quantité suffisante pour remplir plusieurs tonneaux, six par exemple, de vingt-cinq hectolitres chacun, rien n'empêche-

---

(1) On m'avait objecté que le tonneau destiné à recevoir ce trop plein étant fermé hermétiquement et rempli d'air, devait refuser le vin rejeté par la fermentation. J'ai répondu à l'objection par la raison que je donne ici de la sortie du gaz en soulevant les feuilles de vigne qui ferment l'orifice supérieur de l'appareil. Ce mouvement d'ascension est facile, si le vin rejeté ne remplit pas la totalité du tube conducteur; ainsi, il sera prudent de donner à celui-ci un diamètre suffisant pour laisser voyager commodément, mais en sens inverse, et le vin qui tombe dans le tonneau, et le gaz ou l'air qui cherche à s'échapper en remontant, parce qu'il n'y a plus de place pour eux. Au surplus, en pratiquant sur le tonneau, à quelque distance de la bonde, un simple trou de fausset, que l'on bouchera lorsque la fermentation tumultueuse sera terminée, on préviendra toute espèce d'accidents, et on pourra par ce moyen recueillir du gaz, s'assurer alors des substances

rait que l'on ne plaçât au milieu d'eux un septième tonneau de même capacité, dans lequel se déversera le trop plein des six vases en fermentation. Il suffira pour cela de faire faire un bondon en fer-blanc, avec trois goulots de chaque côté, de deux pouces de longueur, dans lesquels on insérera les tubes partant des cylindres et qui y améneront la liqueur que rejettera la fermentation. Pour avoir la facilité d'ajuster ces tubes, il suffira de leur donner un pouce de refus sur le goulot du cylindre. L'application d'un lut, fait avec du suif fondu et de la cendre, empêchera l'accès de

---

qu'il contient, et par conséquent vérifier s'il entraine avec lui de l'esprit et du bouquet. Mais ceci n'est pas l'objet de la présente note. Ne serait-il pas possible que l'air, en remontant par le cylindre de l'appareil, ne déposât, en passant sur la liqueur en fermentation, tout l'oxigène qu'il contient; car si la fermentation s'éteint faute d'oxigène, il est permis, je crois, de conclure qu'elle en est très-avide, et que cette circonstance peut fournir alors le moyen de la faire durer tumultueuse pendant quinze jours avec mon appareil; tandis que dans tout autre système, elle s'éteint beaucoup plus tôt, à moins qu'on ne refoule le chapeau, ce qui dissipe le gaz qui occupe tout le vide de la cuve en fermentation, et réintroduit de l'air atmosphérique, effet qui ne peut avoir lieu que dans les fermentations à l'air libre, mais toujours au grand détriment du vin. Cette note n'est qu'une simple réflexion, qui pourrait avoir son utilité, si elle était fondée.

l'air atmosphérique ; de cette manière, il n'existe aucun vide dans la masse fermentante, et le marc, constamment en immersion, n'éprouvera aucun genre d'altération.

Lorsque le raisin est bien mûr, et que la température est élevée, la fermentation s'établit promptement; ainsi, pour prévenir toute perte de liqueur, il faudra ajuster les appareils à mesure que les tonneaux seront remplis.

Du moment où la fermentation s'établit, elle est tumultueuse pendant quinze jours. Cette fermentation, lorsque le raisin n'est pas arrivé à une complète maturité, s'annonce par quelques borborismes, d'abord courts et à longs intervales, ensuite ils deviennent plus fréquents et plus prolongés ; au bout de deux jours, ils sont continuels et tumultueux. Mais lorsque le fruit est venu à une complète maturité, la fermentation arrive tout d'un coup à son plus haut point d'intensité, qui se soutient jusqu'au douzième jour, puis se ralentit, et cesse tout-à-fait après le quinzième. Le tumulte, ou plutôt l'effervescence, est telle, que les personnes qui feraient usage de l'appareil pour la première fois, en pourraient être effrayées, et seraient tentées de vouloir soulager la cuvée. Mais il n'y a aucun danger ; tout ce grand bruit est occasionné par le gaz acide, qui, se développant à la fois dans toutes les parties du vase en fermentation dont il est un produit, s'élance de tous côtés vers le seul endroit par où il peut séchapper. Si la fermentation en était seule la cause, cela indiquerait une très-haute température dans la liqueur. En 1827, j'ai suspendu dans le tube de l'appareil placé sur un tonneau de 25 hectolitres, un thermomètre, qui n'a jamais indiqué plus de 15 degrés (Réaumur), pendant tout le temps de la fermentation tumultueuse; mais le carbone amené par la fermentation à l'état de gaz, suit la loi de tous les fluides aériformes, contraint, à cause de son volume, de chercher une issue au dehors, il occasionne dans la liqueur une perturbation assez semblable à celle que l'on produit dans un seau d'eau, lorsqu'on y introduit un tube dans lequel on souffle avec force. Ainsi ce gaz, toujours expulsé à mesure qu'il se forme, se déverse, à ce que je crois, avec le trop plein dans le tonneau destiné à le recevoir. Mais à mesure que celui-ci se remplit de vin, le gaz remonte dans l'appareil, et se dissipe enfin dans l'air, en soulevant les feuilles de vigne, qui, comme je l'ai dit, font l'office de soupape.

Quoique la fermentation tumultueuse soit complète après quinze jours, l'affaissement de la liqueur, réduite aux cinq-sixièmes de son volume, n'a lieu qu'entre le trentième et le quarantième jour. Le vide commence alors à se former dans le tonneau en fermentation ; et si l'on attend au cinquantième jour, comme je le fais, on pourra y rétablir le quart environ de la quantité qui en est sortie. La fermentation se rétablit sensiblement, et se soutient plus ou moins de temps, suivant la maturité du fruit. L'on continuera de mois en mois les restitutions dans le vase en fermentation, jusqu'à ce que le tout ait pu y être réintroduit.

Pour opérer ces diverses restitutions, on mettra une anche au tonneau contenant le trop plein, par laquelle on tirera du vin dans un arrosoir de jardin ; et après avoir déplacé les feuilles de vigne qui bouchent l'orifice de l'appareil, on le versera dans le vase en fermentation jusqu'à ce qu'il soit rempli. On en sera assuré lorsque le vin, parvenu à la hauteur du goulot de l'appareil, retombera dans le premier tonneau. On replacera les feuilles de vigne.

Lorsque tout le vin rejeté par la fermentation sera rentré dans le tonneau dont il est sorti, la fermentation sera complète, et l'on pourra commencer à soutirer. Le vin sera alors bien dépouillé. Ainsi on économisera le traversage, qui se serait fait un peu plus tard. Le vin louche se mettra dans un autre tonneau avec celui provenant du pressurage. Les marcs sortis, soit par la porte pratiquée sur le fond du tonneau, soit de toute autre manière, seront portés à l'instant sous le pressoir, et une seule serre suffira pour les épuiser presqu'entièrement de la liqueur qu'ils retiennent encore. Le premier tonneau vide, on le nettoiera, et il sera rempli avec la vendange de son voisin, et ainsi de suite jusqu'au dernier.

Plus le raisin sera mûr, plus la température du cellier dans lequel on fera fermenter la vendange sera élevée (8 à 10 degrés Réaumur), plutôt la fermentation sera terminée. Quatre-vingt-dix à cent jours suffiront pour lui faire parcourir toutes ses phases, et cent à cent vingt jours seront nécessaires lorsque le fruit ne sera pas arrivé à une complète maturité. Ainsi le propriétaire n'éprouvera point ou peu de retard, soit pour la vente de son vin, soit pour le distiller, malgré la longueur de la fermentation, puisque dans les méthodes ordinaires, le vin a besoin de tout ce temps pour se dépouiller exactement; tandis qu'avec mon appareil, le vin de goutte est parfaitement limpide. Quant au vin de pressurage, un mois suffit ordinairement pour l'éclaircir.

Les résultats de cette nouvelle méthode sont très-différents de ceux que l'on obtient par les procédés ordinaires.

1° Le vin de goutte, quoique sa coloration soit aussi profonde que possible, est toujours brillant et transparent; il est aussi potable aussitôt sa fabrication terminée, que s'il avait deux feuilles. Il est relativement plus généreux, et son bouquet, bien développé, n'est ni détruit, ni masqué par le gaz acide.

2° Le vin de pressurage est bien moins coloré. Ce n'est pas une dégradation de coloration semblable à celle que l'on obtiendrait en coupant le vin de goutte avec de l'eau, c'est une coloration très-différente et tirant sur l'écarlatte. Il est plus agréable à boire, parce qu'il est plus parfumé encore, et semble plus fait.

Ce phénomène n'a jamais été observé dans aucun mode de fermentation, et semble prouver trois choses:

D'abord, la dégradation de coloration du vin de pressurage indique une fermentation complète;

En second lieu, la plus grande spirituosité du vin et son parfum démontrent que cette nouvelle méthode conserve à la liqueur ses principes constitutifs avec le moins d'altération possible.

Enfin, sa potabilité actuelle est la preuve qu'il est débarrassé en grande partie du tartre qui en rend l'usage pernicieux.

Les chimistes ont reconnu dans le raisin deux

substances, le principe sucré et le principe végéto-animal. Ces deux principes sont isolés dans le grain; mais en foulant la grappe, ou mieux en la cylindrant, on mêle ensemble ces deux substances, et lorsque le jus arrive à une température de 12 à 15 degrés Réaumur, la fermentation s'établit. Le résultat de la fermentation est d'abord de convertir le principe sucré en principe alcoolique, principe qui donne l'eau-de-vie par la distillation, et qui fait la spirituosité et la générosité du vin. Si par quelle que cause que ce soit la fermentation vient à s'éteindre, alors cesse la conversion de la substance sucrée en esprit, et le vin n'a plus toute la force dont il est susceptible.

Un second résultat de la fermentation, mais qui n'est plus immédiat, c'est la coloration du vin.

« Le principe colorant ne se dissout dans le « moût en fermentation que lorsque l'alcool y « est développé.

« Le vin se colore d'autant plus que la ven-« dange reste plus long-temps en fermentation « avec le marc (1). »

Ce principe en contient peut-être un autre très-

(1) Chaptal, art. *Fermentation.*

précieux et dont jusqu'à présent on ne s'était pas encore douté.

Pour me faire comprendre, je vais transcrire ici un passage du Rapport que j'ai fait à la Société d'agriculture, le 16 juin 1823 :

« La substance colorante, selon CHAPTAL, et « qui est contenue dans la pellicule du raisin, se « rapproche des résines par quelques proprié- « tés, et, comme elles, n'est solube que dans « l'alcool. D'après le résultat que j'ai obtenu, « j'ai été conduit à penser qu'elle était le siége du « bouquet de nos vins et un des principes de leur « salubrité. La nature, toujours attentive au bien « et à la conservation des êtres qui lui doivent la « vie, a peut-être prévu, en faisant à l'homme le « beau présent de la vigne, l'abus qu'il ferait un jour « de son charmant produit; peut-être a-t-elle doté « la grappe de la substance salutaire qui serait « un remède à nos excès? Cette idée, Messieurs, « m'a été donnée à imaginer; mais si j'avais par « hasard rencontré la vérité, il n'y a pas de doute « que la fermentation la plus complète est celle « qui doit conduire à la solution de l'intéressant « problême dont on s'occupe depuis tant de siècles. « Les vins sont d'autant plus recherchés qu'ils sont « plus colorés. Quelle en serait la raison, si ce n'est « qu'ils sont plus amis de l'estomac et d'une di-

« gestion plus facile? J'en excepte les vins blancs « faits avec du raisin blanc et qui ont fermenté « sur le marc; mais ces raisins blancs ont aussi « leur résine. Cette substance a donc, dans « l'intention de la nature, une autre propriété « que celle de colorer le vin; et cette propriété « dont, jusqu'à présent, on n'a pas cherché à pé- « nétrer le secret, attirera probablement l'atten- « tion des œnologues et des savants. »

Il est probable aussi que la substance colorante a une relation avec le principe sucré, qu'elle est par conséquent d'autant plus abondante que le fruit de la vigne est parvenu à une plus grande maturité, mais seulement dans la proportion de ce que l'alcool peut en dissoudre complètement lorsque la fermentation aura été bien dirigée. L'expérience vient encore à l'appui de cette assertion : le vin de 1822, si supérieur à celui de 1828, a présenté par le pressurage une dégradation de coloration semblable, mais proportionnelle; et le bouquet de ce dernier est seulement indiqué, tandis qu'il était très-prononcé en 1822.

En 1823, j'ai fait un essai qui devait me faire connaître jusqu'à quel point mon opinion sur les propriétés de la substance colorante était fondée. J'ai fait fermenter, avec mon appareil, du vin blanc provenant de raisins noirs. Le résultat a été un vin sec et agréable, mais il n'avait pas le bouquet du vin rouge. Ce vin a parcouru toutes les phases de sa fermentation dans l'espace de deux mois, et n'a rejeté que le dixième de son volume.

Le gaz acide carbonique est encore un troisième résultat de la fermentation, aussi immédiat que la formation de l'alcool. Ne sachant que faire de cette substance interposée dans toutes les liqueurs vineuses, quoique dans des proportions différentes, on a pris le parti de l'utiliser; on en a fait un des principes de la conservation du vin, et on lui a attribué la propriété de lui donner de la qualité.

Le vrai principe de la conservation des vins, c'est l'alcool qu'ils contiennent, et leur bouquet, qui n'est autre chose, comme je le crois, que la fusion de la substance colorante, laquelle ferait alors sur le vin l'effet de la lupuline sur la bière; ce qui est l'indication d'une bonne fabrication, c'est que plus les vins sont généreux et spiritueux, plus ils ont de parfum, et plus ils sont de garde.

Une autre raison de s'opposer à l'évaporation du gaz le plus qu'il était possible, c'est que l'on était généralement dans l'opinion qu'il entraînait avec lui l'arôme et une partie de l'alcool. La théorie n'a jamais pu refuser d'admettre une semblable doctrine, jusqu'à ce que l'expérience viendrait démontrer qu'elle était une erreur.

L'appareil Gervais, et surtout le mien, en ont offert la preuve. J'ai indiqué au commencement de cet écrit le résultat obtenu avec l'appareil Gervais. Si l'on veut être convaincu, il suffira, si l'on se sert du mien, de faire un trou de fausset sur la douve supérieure du tonneau destiné à recevoir le trop plein. Le gaz, comme je l'ai dit, s'y déverse avec le vin; et si vers le huitième jour de la fermentation on ôte le fausset, ce gaz s'échappe alors par l'ouverture, et en le respirant, on n'éprouvera qu'une odeur repoussante et nauséabonde, sans aucun sentiment d'alcool ou d'arôme. L'on peut conclure, je crois, de ces deux expériences, que ces deux précieuses substances ont besoin d'une température plus élevée que celle produite par la fermentation à vaisseaux clos pour se vaporiser, et pouvoir être entraînées par le dégagement du gaz.

Si le gaz acide carbonique n'a pas les propriétés qu'on lui a attribuées jusqu'aujourd'hui, et si son interposition dans le vin est inutile sous ce rapport, il faut actuellement examiner quels sont ses vrais effets, non-seulement sur la bonne qualité et la salubrité des liqueurs fermentées, mais aussi sur les phénomènes de la fermentation.

L'acide carbonique acidule toutes les boissons, et ce dans la proportion qu'elles en contiennent. Le but que l'on se propose dans la fabrication du vin est-il de lui donner de l'aigreur? Je ne le pense pas; d'ailleurs nos vins n'en ont déjà que trop lorsque la maturité du fruit est incomplète; ce qui arrive très-souvent, surtout dans les départements de l'Est: sur dix années, on n'en doit compter qu'une bonne, deux ou trois de médiocres, et le surplus de mauvaises. Or, la bonté du vin est toujours en raison de la qualité du fruit; et, dans les mauvaises années, il conserve, quoi qu'on fasse, une très-grande acerbité, qu'une bonne fermentation peut beaucoup tempérer, mais dont aucun appareil ne le corrige entièrement. Dans ces années, le vin est aigre, d'abord parce que le fruit est aigre; il le devient encore plus, lorsqu'une fermentation à contre-sens y a développé le principe acéteux; par conséquent la présence du gaz acide ne peut qu'empirer le mal.

Le temps débarrasse à la vérité les vins du gaz acide qu'ils contiennent; mais pendant son séjour dans les tonneaux, ce gaz, en se combinant avec la liqueur, lui communique une partie de son acidité, et concourt peut-être avec le tartre à en altérer la coloration. Les vins nouveaux sont d'un rouge tirant sur le violet; répandus sur le linge, cette couleur s'oxide à l'instant, devient presque noire, et fait une tache qui résiste souvent à plusieurs lessives. Voilà ce qui n'arrive pas aux vins fermentés avec mon appareil, qui, comme je l'ai dit, sont d'une grande pureté de coloration, et ne laissent sur le linge qu'une empreinte légère, rouge, plus ou moins foncée.

Enfin, le carbonne, pour arriver à l'état de gaz acide, a la propriété d'absorber l'oxigène, sans lequel, selon quelques chimistes, la fermentation est impossible. M. Chaptal a prouvé que l'air atmosphèrique n'était pas rigoureusement nécessaire; mais que si dans ce cas là on s'oppose à la volatilisation du gaz, alors il ralentissait et éteignait complètement la fermentation. Ce phénomène a lieu, même dans les vases découverts, pourvu qu'ils ne soient pas trop remplis de moût. Si l'on observe ce qui se passe dans les cuves de vendange, on voit qu'après trois ou quatre jours de fermentation le chapeau redescend, et la liqueur reprend son niveau. Comme alors la fermentation est loin d'être complète, et que le vin a peu de coloration, on refoule le moût, et par ce mouvement violent, on dissipe le gaz qui occupait l'espace libre; on réintroduit du nouvel air atmosphérique, et on ranime la fermentation, qui n'aurait pas tardé à s'éteindre. Cette manœuvre se répète selon que l'on veut avoir un vin plus couvert, et selon le caprice du propriétaire.

Dans les vases clos que l'on munit d'une soupape, on laisse toujours un vide du quart au cinquième de leur capacité totale pour l'ascension du chapeau, sans quoi il y aurait extravasation de la liqueur. Mais le gaz ne se dégage par la soupape qu'autant que le tonneau ne peut plus en contenir l'excès; et lorsque la liqueur, après huit ou dix jours de fermentation, reprend son niveau, le gaz alors remplit tout le vide, ne se volatilise plus, et ne tarde pas à la paraliser. C'est ce que j'ai éprouvé en 1823 avec l'appareil Gervais, que je m'étais procuré, pour en comparer le résultat avec le mien. Après vingt jours de fermentation, comme le prescrivait l'instruction, j'ai déplacé l'appareil pour constater l'état du marc; mais je n'ai pu y parvenir, parce que la lumière s'éteignait aussitôt que je la présentais à l'ouverture du du couvercle du bouge. Cependant il ne devait plus y avoir de fermentation, puisqu'un thermomètre plongé dans le chapeau n'a marqué, au bout d'une heure, que 5 degrés, qui étaient aussi la température de la bougerie. Alors j'ai fait prendre du marc à la main, et je l'ai reconnu sain, bien conservé, et ne présentant pas à l'odorat cette odeur forte qu'a celui fermenté long-temps à l'air libre, et surtout celui fermenté après le pressurage. Il résulte de ce fait que l'on peut laisser la vendange pendant quelque temps dans les tonneaux ou les bouges munis d'une soupape, avant de faire le vin, quoique la fermentation soit arrêtée, parce que le gaz qui remplit le vide, ferme l'accès à l'air extérieur, qui ne le dissipe que très-lentement, et prévient ainsi l'acescence du chapeau. Par ce moyen, les marcs s'amollissent en se détrempant, et donnent au pressurage plus de liqueur et une plus grande quantité de substance colorante. Après l'entonnage du vin, la fermentation se rétablit et s'améliore. Aussi obtient-on un vin plus généreux, plus coloré, que celui fait à vaisseau découvert, et qui n'a pas, comme ce dernier, cette acidité, effet inévitable du contact immédiat de l'air ambiant.

Mais il résulte de ce mode de vinification, dans les années riches par la maturité du fruit, un inconvénient grave que j'ai observé en 1822. Lorsque la fermentation cesse, il reste encore une grande quantité de sucre qui n'a pu être amenée à la conversion alcoolique. Cette substance interposée dans le vin, le rend pâteux, fade et liquoreux. Ce vin ne se corrige qu'avec le temps, et jamais complètement.

Aucun de ces fâcheux accidents ne peuvent avoir lieu avec mon appareil. Le vase en fermentation étant toujours plein, le marc constamment en immersion, hors les courts intervalles dans lesquels se fait la dépression de la liqueur, ne donnent aucune prise à l'action détériorante de l'air atmosphérique. Le gaz, expulsé à mesure qu'il se dégage, n'éteint pas la fermentation, n'altère pas la coloration du vin, et ne détruit pas son bouquet. Alors la fermentation marche avec régularité et sans secousse, puisqu'elle se fait dans une atmosphère dont la température est toujours la même; elle arrive enfin à son terme absolu, en se ranimant au moyen des restitutions partielles qui lui sont faites, ce qui prouve que, malgré une effervescense de trente à quarante jours, elle est loin d'être complète. En effet, au moyen de ces restitutions, on introduit du nouvel oxigène dans la cuvée, en remplaçant celui qui aura été absorbé par la formation du gaz acide; en second lieu, on opère dans la masse fermentante une perturbation qui en déplace toutes les parties, et fait aussi se rencontrer les substances fermentatives isolées dans le raisin et qui doivent s'unir entre elles pour se décomposer. On peut, je crois, considérer ce phénomène comme une véritable cohobation qui parfait l'œuvre, et donne enfin le résultat que l'on s'était proposé.

Ce que j'ai dit des vins faits avec mon appareil, de leur bonne qualité, de leur coloration si pure, mais si différente dans le vin de goutte et celui de pressurage, enfin de leur salubrité, est déjà en grande probabilité en faveur de cette nouvelle méthode. Mais il est une preuve directe, sans laquelle tout ce que j'ai avancé pourrait n'être considéré que comme un système. Cette preuve consiste dans la quantité relative d'alcool que contiennent les vins fabriqués par les diverses méthodes, quand l'on aura opéré avec des fruits identiques quant à leur qualité.

« L'analyse, dit M. Dubrunfaut, dans son *Traité* « *complet de distilation*, indique dans le raisin « presque le double d'alcool qu'on en obtient « par la distilation; et cet état de choses, ajoute- « t-il, durera tant qu'on n'aura pas trouvé le « moyen de compléter la fermentation. »

Je vais donc rendre compte des expériences faites à cet égard, et des résultats que j'ai obtenus.

DE L'EAU-DE-VIE.

On ne brûle jamais le vin dans les départements de l'Est, si ce n'est dans quelques cas rares. Dans les bonnes années où il rendrait beaucoup d'eau-de-vie, on le conserve pour l'usage de la table; et dans les mauvaises années, son produit alcoolique, en faible quantité, ne donnerait pas au propriétaire un prix aussi avantageux que celui du vin; mais on distille généralement les marcs de la vendange. Voici comme cela se pratique : Aussitôt après le pressurage, on émiette chaque pain de marcs le plus exactement possible, et on les met dans des vaisseaux ouverts, où on les tasse le plus que l'on peut; on arrange dessus un lit de feuilles de vigne, et enfin on recouvre le tout d'une couche de terre glaise détrempée et bien corroyée, de trois à quatre pouces dépaisseur, pour empêcher la volatilisation de l'esprit. Dans cet état, on abandonne le tout à lui-même, jusqu'au moment où la masse a fermenté et s'est refroidie. Dans cette nouvelle fermentation, la chaleur produite en raison du volume s'élève et dépasse souvent 40 degrés Réaumur. A cette haute température, l'esprit doit se vaporiser et s'échapper en partie à travers la couche de terre; il perd tout son arôme, et contracte une mauvaise odeur, qu'une distillation trop précipitée augmente encore; enfin, on n'obtient jamais qu'une eau-de-vie plus ou moins empyreumatique. Si l'on était dans l'usage de distiller les marcs aussitôt après leur pressurage, et que l'on eût l'attention de ne donner que le degré de feu nécessaire dans cette opération délicate, on obtiendrait, comme l'expérience le prouve, une eau-de-vie sans mauvais goût, mais en moindre quantité : ce qui doit être, puisque cette liqueur ne s'obtient qu'en raison du progrès de la fermentation, et que celle-ci est toujours loin d'être complète par les méthodes usitées.

La quantité que l'on obtient assez généralement de la distilation des marcs est d'un soixante-douzième de la quantité du vin que l'on a fait. Mais l'eau-de-vie se vend quatre fois plus que le vin; ainsi elle rend au propriétaire le dix-huitième de la valeur totale de sa vendange, moins cependant les frais de distillation, qui s'élèvent à-peu-près au tiers du prix de l'eau-de-vie; ce qui réduit le bénéfice à un vingt-septième de la recolte : cela couvre ordinairement les frais de vendange.

En 1822, la première fois que j'ai fait usage de mon appareil, j'ai fait distiller les marcs aussitôt après leur pressurage, avec tout le soin possible : le produit de la distillation a été vingt-neuf; celui de la distillation des marcs du surplus de ma vendange, mais qui avaient subi une fermentation postérieure à leur pressurage, a été seize.

En 1823, désirant connaître d'une manière positive si j'obtiendrais encore les bons résultats de l'année précédente, et faire à cet égard des expériences comparatives, j'ai fait une partie de mon vin par ma méthode ordinaire; une seconde partie avec mon appareil; enfin, je me suis procuré l'appareil Gervais, sous lequel j'ai fait fermenter la troisième partie, après avoir pris scrupuleusement toutes les précautions indiquées par l'instruction, comme cela a été reconnu par deux

Membres de la Société d'agriculture et par un agent de la compagnie Gervais.

Je vais transcrire ici le passage du Rapport que j'ai fait à la Société, en mai 1824, relatif à cet objet :

« Dans les premiers jours de décembre dernier,
« j'ai fait distiller les marcs du vin fait à la ma-
« nière ordinaire, mais qui avaient subi une fer-
« mentation postérieure à leur pressurage, comme
« cela se pratique généralement. J'ai fait l'eau-de-
« vie à 20 degrés de l'aréomètre, ainsi que les
« deux autres : elle a rendu dix, mais elle est
« fortement empyreumatique. Les marcs de l'ap-
« pareil Gervais, distillés aussitôt après leur pres-
« surage, ont rendu sept. L'eau-de-vie est bonne,
« sans aucun mauvais goût, mais elle n'a point
« de parfum. Enfin, le 3 avril, j'ai aussi fait
« distiller les marcs du vin fait avec mon appareil
« aussitôt après leur pressurage : ils ont rendu treize;
« et l'eau-de-vie a, comme vous l'avez reconnu pour
« celle de 1822, le parfum que j'ai attribué au
« pepin du raisin (1), et qui sera, je pense, l'odeur

---

(1) Il est probable que le pepin très-dur du raisin aura été pénétré par la longue fermentation, qui l'aura ainsi forcé à céder l'arôme contenu dans son huile essentielle.

« si douce et si agréable de la fleur de raisin,
« lorsque la liqueur aura été élaborée par la *fine*
« main du temps, que l'homme ne pourra peut-
« être jamais suppléer.

« Ainsi, Messieurs, l'expérience que j'ai re-
« nouvelée cette année, a confirmé les résultats
« dont j'ai eu l'honneur de vous rendre compte
« pour 1822 : près du double de l'appareil Ger-
« vais, un tiers en sus de la quantité obtenue avec
« les marcs traités à la manière ordinaire, et une
« supériorité de qualité très-marquée. Je ne doute
« pas que les expériences que l'on tentera à cet
« égard ne donnent les résultats que j'ai obtenus,
« et alors les marcs de raisins, généralement mé-
« prisés jusqu'aujourd'hui, seront utilisés avec
« soin, parce qu'ils donneront une eau-de-vie pré-
« cieuse par un arôme particulier. »

Depuis 1823, je me suis exclusivement servi de mon appareil pour la fermentation de mon vin, et j'ai constamment obtenu les mêmes résultats. Cependant cette année j'ai été vérifier le degré de spirituosité et la quantité de l'eau-de-vie obtenue par les procédés ordinaires, et j'ai rencontré la même différence : j'ai trouvé quatre avec dix-neuf degrés, tandis que la mienne a rendu six avec vingt degrés, et toujours son excellent parfum, quoique les vins soient de mauvaise qualité.

Enfin, pour qu'il ne restât plus de doute, j'ai fait distiller de mon vin et de celui d'un propriétaire de la commune dont la vigne touche la mienne, et dont le vin aurait probablement été de la même qualité que le mien s'il avait été traité de même.

Le 30 mai, j'ai porté à Épinal six bouteilles de chacune des deux espèces de vin chez M. Pierson, apothicaire et ancien pharmacien en chef des armées. La quantité livrée exactement avec 1 litre, a été pour chaque vin de 4 litres 50; l'eau-de-vie obtenue par la distillation à 18 degrés a été, pour mon vin, de....... 10/72

Pour celui de contre-épreuve, un peu moins de........................ 7/72

L'alambic étant un bain-marie, les eaux-de-vie n'ont point contracté de goût d'empyreume, comme celle faite avec les alambics ordinaires; celle de contre-épreuve était un peu laiteuse, celle d'épreuve parfaitement limpide; elles ont été jugées à peu près d'égale qualité, mais elles n'avaient pas le parfum de l'eau-de-vie provenant des marcs de mon vin dont j'avais aussi apporté un échantillon, et lui étaient inférieures en qualité.

Cette dernière expérience doit porter la conviction dans les esprits; au surplus, je livre tous ces faits à la méditation des propriétaires, et je n'appellerai pas des conséquences qu'ils en tireront (1).

Je terminerai enfin par quelques observations générales sur les divers modes de fermentation.

On a fait à mon appareil le reproche d'être un procédé trop long : à cela je n'ai rien à répondre. Lorsque je l'imaginai, j'eus à la vérité

---

(1) Pour obtenir l'eau-de-vie des marcs, il sera toujours indispensable de les distiller aussitôt qu'ils sont pressurés. Si on ne les travaillait pas à l'instant, ils s'échaufferaient, contracteraient une mauvaise odeur, qui détruirait sans ressource leur parfum contenu dans l'huile essentielle du pepin, et se volatiliseraient en partie. Il faut donc que le travail de l'alambic marche de front avec celui de la presse, ce qui n'occasionnera point de retard, parce qu'on ne sera presque jamais dans l'obligation de leur donner une seconde serre. Comme le même volume de marcs, lorsque le raisin aura été égrappé, contient le double d'alcool que ceux qui auraient conservé leur raffle, il faudra que le distilateur les délaie dans une plus grande quantité d'eau : moitié en sus de la quantité ordinaire suffira. Pour prévenir un trop grand degré de feu qui leur donnerait un goût d'empyreume, je jette au fond de l'alambic une pelletée de sable de rivière ; cependant avec un ouvrier soigneux et intelligent, on n'aurait presque pas de danger à courir. Mais si l'eau-de-vie est avariée, à coup sûr ce sera sa faute. On conçoit que les marcs, toujours en immersion, n'ont souffert, pendant la fermentation, aucun genre d'altération.

le pressentiment que j'en obtiendrais un meilleur vin, et que j'approcherais davantage du but; mais je ne prévis, si ce n'est quant à sa qualité, aucun des résultats que j'ai obtenus, et que j'étudie depuis six ans afin de pouvoir les expliquer. Je crois cependant qu'il n'est pas impossible d'abréger le temps de la fermentation en la précipitant. Je désire que quelqu'un plus heureux ou plus adroit puisse rendre ce service à l'impatience des propriétaires; mais dans tous les cas, hors la première année, il n'y aura plus que le même espace de temps entre le soutirage des vins. Si l'on regarde cela comme un inconvénient, il est bien racheté, je crois, par la quantité, et surtout par la bonne qualité des produits.

Dans la fermentation à l'air libre, même lorsque les bouges sont recouverts par des couvertures, il y a inévitablement acescence du vin dans la proportion que l'on aura tourmenté la vendange; il y a de plus une perte très-considérable des principes constitutifs de la liqueur, je veux dire épuisement de son esprit, et dissipation du bouquet, qui en fait le plus grand charme: elle est donc un contre-sens.

Voici une expérience que j'ai faite, et que tout le monde pourra répéter quand on le jugera à propos:

J'ai mis dans un gobelet de l'eau-de-vie à la hauteur d'un doigt ; j'ai mis même quantité d'eau dans un autre gobelet, et je les ai exposés tous deux, entre fenêtre et volets, pendant vingt-quatre heures ; après ce temps, il y avait absorption de plus de la moitié de l'eau-de-vie ; le résidu était de l'eau simple, ne donnant plus à l'odorat et au goût aucun sentiment d'arôme ou d'alcool : il était trouble et couvert d'un flegme ressemblant à un corps gras. Il n'y avait dans le verre d'eau qu'une évaporation de moins d'une demi-ligne, c'est-à-dire une évaporation six fois moindre que la volatilisation de l'esprit. Si l'on fait attention que l'évaporation doit être encore plus considérable pendant la fermentation qui soulève et divise toutes les parties de la cuvée, et dont la température s'élève souvent à 28 degrés, et quelquefois à 33, on sera alors convaincu de l'altération considérable qu'éprouvent les vins fabriqués à l'air libre, surtout si on ajoute à tout ce ravage, l'acescence de la liqueur, inévitable dans de pareilles circonstances.

Dans la fermentation à vaisseaux clos munis d'une soupape, il y a évidemment une grande amélioration, comme je crois l'avoir démontré ; mais elle est toujours très-incomplète, et par conséquent ne résout pas entièrement le problême.

Je n'ajouterai rien à ce que j'ai dit de mon procédé, j'en laisse préjuger les résultats; cependant je dois parler d'un fait qui confirme de plus en plus tout ce que j'ai avancé: En 1823, un propriétaire de vigne a bien voulu m'aider à constater d'une manière précise les résultats relatifs des diverses méthodes. Il a fait du vin à sa manière accoutumée, avec l'appareil Gervais, enfin avec le mien. Voici comme il a procédé, ce que j'ai consigné dans le Rapport que j'ai fait à la Société d'agriculture en mai 1824, et dont ce qui suit est un extrait:

« A mesure que l'on apportait la vendange de « la vigne, on l'égrappait sur un cuvier; lorsque « celui-ci était plein, on distribuait la liqueur « qu'il contenait avec un broc dans les trois vases « destinés à la fermentation du raisin; la quan- « tité contenue dans chacun de ces trois vases, « était de 40 mesures, et la Société a déjà jugé « qu'elle était parfaitement identique, quant à « la qualité du fruit. La vendange fermentée « avec mon appareil a rendu 3 mesures de « vin de plus que par chacun des deux autres « procédés, c'est-à-dire un treizième. En réflé- « chissant sur ce phénomène, j'ai cru qu'il était « dû à une longue fermentation. En effet, la « pulpe du raisin n'est pas entièrement liquide,

« la partie qui entoure le pepin ressemble à une « matière gélatineuse, d'autant plus abondante « que le fruit est moin mûr (1). C'est probable- « ment par une longue fermentation, qui serait « alors le complément ou le supplément de la « maturation, que cette substance gélatineuse peut « être amenée à une entière dissolution, et ainsi « donner au pressurage le plus de jus possible. »

Il ne faut pas s'imaginer que les détails dans lesquels je suis entré pour expliquer l'emploi de mon appareil exigeront beaucoup de temps, de soins et de dépenses. J'ai la longue expérience que les frais ne sont pas plus considérables qu'avec tout autre procédé; mais on trouve toujours plus longue, qu'elle ne l'est en effet, la route que l'on parcourt pour la première fois. Le prix de l'appareil ne sera jamais au-dessus de 8 francs, même pour les plus gros tonneaux, et il dure long-temps. On obtiendra d'ailleurs une économie très-importante, c'est celle des bouges et des bougeries dont l'emplacement pourra recevoir une autre destination. Dans le cas où un propriétaire n'aurait pas de caves assez élevées pour y loger de grosses futailles, il pourra convertir tout ou

(1) L'année a été très-mauvaise.

partie de sa bougerie en un sellier qui conserverait toujours de 6 à 10 degrés de température; et avec ses bouges, il fera faire de gros tonneaux.

OBSERVATIONS.

On fera sans doute la remarque que les marcs ne rendent pas tous les ans de l'eau-de-vie dans la même proportion ni en même quantité : cette dernière, comme tout le monde sait, est toujours relative à la maturité du fruit.

Quant à la proportion, elle en dépend aussi.

En 1822, les marcs ont donné la proportion suivante.......................... 16 29

En 1823, les proportions......... 7 10 13

En 1829, les marcs et le vin...... 4 6

En 1822, les raisins étaient très-murs, et les marcs fermentés par les différents procédés ont pu être facilement épuisés ou à-peu-près par l'action de la presse; mais dans les mauvaises années, comme 1823 et 1829, les marcs qui n'ont subi qu'une courte fermentation, retiennent, quoi qu'on fasse, beaucoup de liqueur au pressurage : ils restent gras, comme on dit, et le jus qu'ils retiennent en plus ou moins grande quantité donne de l'eau-de-vie à la distillation; tandis que ceux qui ont subi une longue fermentation peuvent être presque absolument épuisés, comme je l'ai expliqué à la fin de cet écrit.

J'ai dit aussi, un peu plus haut, que je n'avais prévu aucun des phénomènes de la nouvelle méthode, si ce n'est une meilleure qualité de vin. Ce qui m'a donné l'idée de mon appareil, c'est d'abord qu'il ne me paraissait pas impossible de concilier les moyens d'arriver à une bonne, à la véritable fermentation du raisin; et ce moyen devait être, selon moi, de m'emparer du gaz à mesure qu'il se formait, de le faire dégager hors de la cuvée dont il paralisait promptement la fermentation, sans laquelle il n'y a point de vin, et d'un autre côté de la soustraire à l'effet détériorant de l'air qui altère si vite et si complètement les produits à mesure qu'on les obtenait. Pour résoudre le problème, la première condition était de faire fermenter dans le plein; le moindre vide que j'aurais laissé dans le tonneau en fermentation se serait à l'instant rempli du gaz qui l'éteint infailliblement, et au moyen de mon appareil, non-seulement je n'ai pas laissé de vide, mais même j'ai mis en quelque sorte dans le vase plus de liqueur qu'il ne pouvait en contenir.

Mon appareil, dans le principe, avait une autre forme que celle actuelle, dont le premier essai me démontra l'imperfection. Depuis, je l'ai successivement perfectionné, et lui ai définitivement donné la forme actuelle que j'ai décrite et fait lithographier, et au moyen de laquelle j'ai prévenu pour la suite les inconvénients que j'avais d'abord éprouvés. Mais pour éviter aux propriétaires qui voudront employer cette nouvelle méthode, la préoccupation qui m'a toujours obsédé pendant mon premier essai, je vais transcrire le Compte que j'ai rendu à la Société, le 16 janvier 1823, des phénomènes que j'avais observés, et dont je tenais note jour par jour; ils ont constamment été les mêmes toutes les années subséquentes, à quelques légères différences près dans les départements méridionaux où la fermentation marche un peu plus vite que dans les départements de l'Est.

Pour faire mon vin, je me suis servi d'un tonneau de 16 à 17 mesures (7 hectolitres 48 litres), 3 bariques 2/5. J'ai vendangé le 17 septembre; et après avoir cylindré toute la vendange, j'ai rempli ma futaille, et j'ai placé mon appareil; ensuite j'ai versé du vin dedans jusqu'à ce que le vase a été rempli à moitié: le surplus de la vendange a été traité comme les années précédentes. Tout cela n'a été terminé que pour la nuit, et je me suis couché sans me douter que je pouvais courir quelques risques. Mais cette année le raisin était très-mûr, la journée était chaude et belle, et le moût est entré de suite en fermentation. Le lendemain, j'ai trouvé beaucoup de liqueur répandue à terre ; j'en estime la quantité à 15 litres environ. Le bec du récipient coulait (ce récipient, qui surmontait l'appareil, était destiné à recevoir le vin qui s'extravasait, mais il était beaucoup trop insuffisant) ; je fis mettre à l'instant un vase pour recevoir la liqueur, et à mesure qu'il se remplissait, je le versais dans un tonneau préparé pour cet usage. Cette fermentation tumultueuse a duré quinze jours, pendant lesquels j'ai recueilli environ 60 litres de vin, et en y ajoutant celui que j'avais perdu, je puis évaluer à un neuvième environ de la vendange la quantité de vin rejeté du tonneau pendant les quinze premiers jours.

Le 21 octobre, une baguette plongée dans le vase par la soupape, indiquait encore le vin dans l'appareil ; le 25, ne s'y en étant plus trouvé, on en a rétabli 6 litres : le vase s'est trouvé plein à moitié, et la fermentation s'est rétablie d'une manière assez sensible, malgré la faible quantité de vin restitué. Le lendemain, le vin avait haussé de 2 pouces dans le vase. Le 31, le vin avait diminué dans l'appareil de 4 pouces ; le 10 novembre, il y avait encore un peu de vin dans le vase ; le 15, la liqueur avait éprouvé un tel affaissement, que, ledit jour 15, j'ai pu introduire dans le tonneau

38 litres de vin, et l'appareil s'est trouvé rempli à moitié. Le 26, le bec a recommencé à couler, et j'ai recueilli un verre de vin ; le 27 et le 28, il en a versé la même quantité chaque jour ; le 29, il a fait pendant la nuit un vent violent avec quelques éclairs, ce qui annonçait la présence du fluide électrique. J'ai recueilli pendant cette nuit 1 litre de vin, c'est-à-dire autant en douze heures que dans les trois jours précédents ; le samedi matin, 30, l'extravasation du vin avait complètement cessé.

Le 7 décembre, la baguette n'indiquant plus de vin dans l'appareil, j'ai achevé de rétablir dans le tonneau tout celui qui me restait disponible, et la baguette en indiquait un peu dans l'appareil. Enfin, le 13 décembre, la sonde n'ayant plus trouvé de vin dans l'appareil, et n'en ayant plus à y introduire, craignant d'un autre côté que le marc qui ne se trouvait plus en immersion n'éprouvât quelque altération, je me décidai à soutirer.

Telle a été la marche de la première fermentation faite avec mon appareil, et telle elle a été les années subséquentes, à quelques légères différences près ; car, pourquoi les mêmes causes ne produiraient-elles pas toujours les mêmes effets ? Ainsi en observant les prescriptions que j'ai faites dans la Notice, on n'aura plus à s'inquiéter d'autre chose que de faire les restitutions aux époques que j'ai indiquées et au nombre de trois seulement. L'on verra aussi que le rejet du vin a été bien plus considérable que je l'avais cru; et j'ai prévenu le grave accident que j'avais éprouvé, en substituant, pour l'année suivante, au vase qui surmontait l'appareil et qui devait recueillir le trop plein, des tubes qui conduisaient ce trop plein dans un tonneau destiné à le recevoir. J'ai dit que je présumais que le vin rejeté avait été d'un neuvième. Les années subséquentes m'ont prouvé qu'il était d'un sixième, par conséquent j'en ai perdu, en 1822, plus de 15 litres; au moins 40. On voit par là que dans les années d'une haute maturité du fruit, si la journée de vendange est chaude et belle, la fermentation est presque instannée, et qu'il ne faut par perdre de temps pour remplir promptement les tonneaux et ajuster les appareils, afin de ne point éprouver d'accidents. Si, malgré les précautions que l'on aura prises, la fermentation se manifestait avant que les apprêts fussent terminés, on supputerait à peu près quelle est la quantité du liquide qui alors n'aurait pu trouver place dans le tonneau à cause d'un commencement de tuméfaction de la liqueur, on la verserait dans celui qui reçoit le trop plein, et l'on compléterait ainsi la masse fermentante lors des restitutions.

Lorsque la fermentation sera absolument terminée, on pourra retarder le soutirage du vin autant qu'on le jugera à propos : la présence du marc dans le vin pendant quelque temps, ne pourra nuire à sa qualité ; ainsi, pour cette opération, on ne sera pas obligé d'interrompre des occupations, souvent très-pressantes, ou de travailler par des temps trop froids et très-désagréables : c'est encore là, je crois, un avantage appréciable sur les autres méthodes qui ne supportent point de délais.

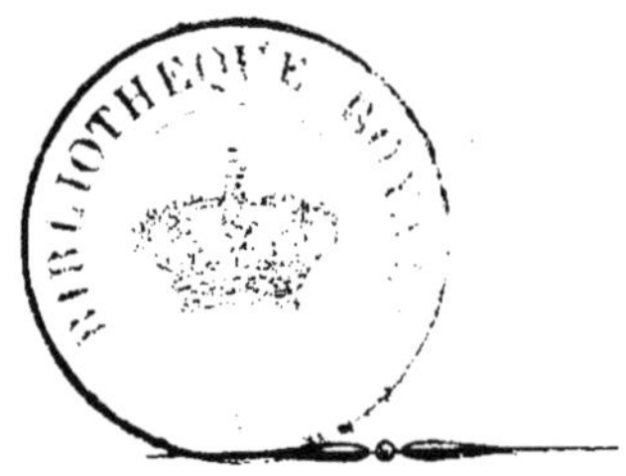

www.ingramcontent.com/pod-product-compliance
Ingram Content Group UK Ltd.
Pitfield, Milton Keynes, MK11 3LW, UK
UKHW021027180726
13838UKWH00004B/1648

9 782329 44346